# 小蜜蜂總動員

## 妮琪和蜂群的勇敢生活

# 小蜜蜂總動員

## 妮琪和蜂群的勇敢生活

傑‧霍斯勒 著

林大利 譯

遠流

# 專家真心推薦

風趣、幽默且內容嚴謹的一本科普漫畫。過去多數書籍是以我們觀察到的動物行為，套上人類的價值觀，來暗喻一些做人道理的擬人化動物故事，本書則是藉由一隻令人發噱的蜜蜂的一生，講述蜜蜂生活史及行為生態學，並傳遞深刻而引人省思的生命哲學。

—— 林業試驗所（育林組土壤實驗室）博士 **王巧萍**

蜜蜂是我們非常常見的昆蟲，自古以來和人類的互動也相當多，但可惜的是，我們對牠們的認識非常少。透過這本書淺顯易懂的內容以及具有特色的畫風，我們可以澈底的了解蜜蜂的生態。將這本可以拉近人類與蜜蜂距離的書推薦給大家！

—— 金鼎獎科普作家、自然教育工作者 **黃一峯**

用漫畫故事的形式和輕鬆的對白，介紹蜜蜂的生活史、族群繁衍及蜜蜂特有的生態行為。對於想認識蜜蜂科普知識的讀者來說，這是一部適合各年齡層閱讀的作品。

—— 臺灣大學昆蟲學系教授 **楊恩誠**

這本書透過蜜蜂，描繪多彩多姿的自然生態，從引人入勝及生動活潑的故事情節，一窺蜜蜂複雜的生物學知識，以及蜜蜂與其他生物之間的關係，同時傳達對生命的尊重。書末還附有圖解與知識解析和參考文獻，對於蜜蜂和環境生態充滿好奇與興趣的人，這是本老少咸宜的好書。

——「城市養蜂 Urban Beekeeping」創辦人、養蜂課程老師 **蔡明憲**

（依姓氏筆畫排列）

# 目錄

# 生命的蛻變

很久很久以前，
這個世界什麼都沒有。

四處一無所有，但好像
沒有改變的意思。

接著，有個東西出現了。

那是朵嬌小雅緻的花苞，
靜靜的漂浮在無邊無際的
黑暗花園裡。

它就只是在那裡漂著⋯⋯

漂啊漂⋯⋯

漂啊漂⋯⋯

直到有一天，小花苞
有些動靜了。

它張開了花瓣，一開始有點害羞，所以緩緩的打開。

不過一旦張開，就好像停不下來。能舒展的感覺真好，它讓花瓣伸向四方。

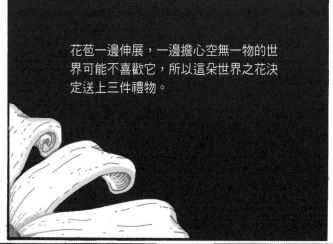

花苞一邊伸展，一邊擔心空無一物的世界可能不喜歡它，所以這朵世界之花決定送上三件禮物。

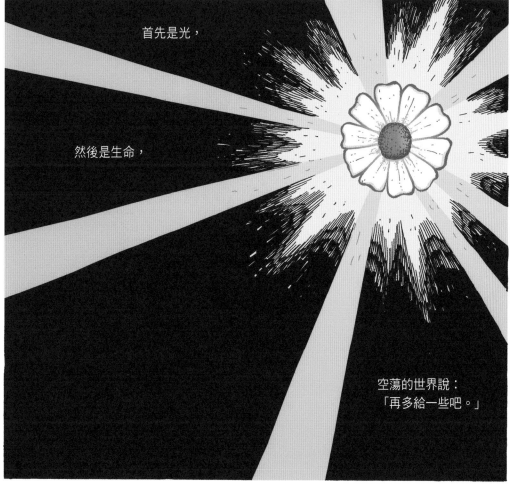

首先是光，

然後是生命，

空蕩的世界說：
「再多給一些吧。」

於是，世界之花送上更多禮物。它釋放出一股強大的花粉漩渦，
在黑暗中填滿了無窮的驚喜。

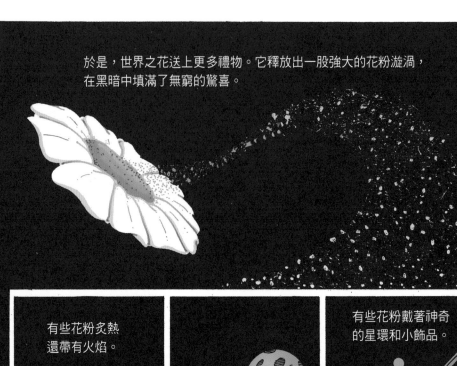

有些花粉炎熱
還帶有火焰。

有些花粉冰冰
冷冷的。

有些花粉戴著神奇
的星環和小飾品。

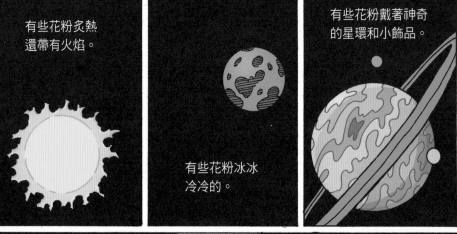

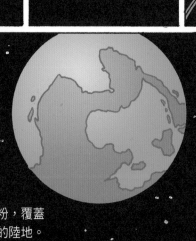

還有些非常特殊的花粉，覆蓋
著濤濤的海洋和蓊鬱的陸地。

生命就在這些特殊
的花粉上生長。

事實上，昆蟲老早在這個新世界裡生活了，但這隻兩棲動物沒放在眼裡。

天啊！牠把小強踩扁了！

啊！

面對如此無禮的行為，昆蟲發誓要統治世界。

我們一定要稱霸世界。咱們走著瞧！

這個計畫奏效了，現在大約有100萬兆隻昆蟲遍布世界各地。

多數昆蟲獨自生活，但也有少數昆蟲覺得團結力量大，和大家一起生活更容易活下來。

其中有群稱為「蜜蜂」的昆蟲，牠們幫忙照顧世界之花的後代子孫，換取花蜜和花粉做為回報。

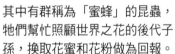

這個故事就是關於這群昆蟲：
**蜜蜂家族**。

你是說整個宇宙都來自一朵巨大的雛菊？蘿拉，你說它叫什麼？**大綻放理論**？

妮琪，別找我麻煩，我才剛來蓋巢室兩天而已。

我正在努力工作。

抱歉，但那個故事聽起來有點不可思議，呵呵。

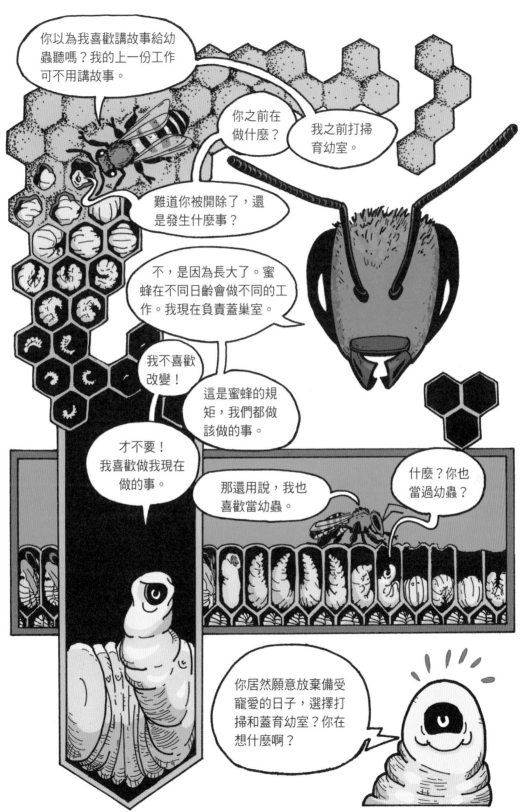

17

18

我最想做的就是待在這兒吃吃喝喝。

你現在會覺得餓嗎？

嗯……

你不餓對嗎？知道為什麼嗎？因為你在過去五天的幼蟲期裡，體重增加了 **2000** 倍。你吃這麼多，是因為你的身體需要大量的能量來「變態」。事實上，當你再也不覺得餓，就表示你的身體已經準備好要改變了。

我不想改變！

你必須改變。

為什麼？

就是這樣。

但是為什麼？

因為我是你姊，所以**我說了算**。

現在別吵我了，讓我完成工作！

好啦，對不起。

真是討厭。

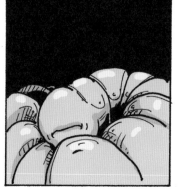

我會拿到說明書之類的東西嗎？

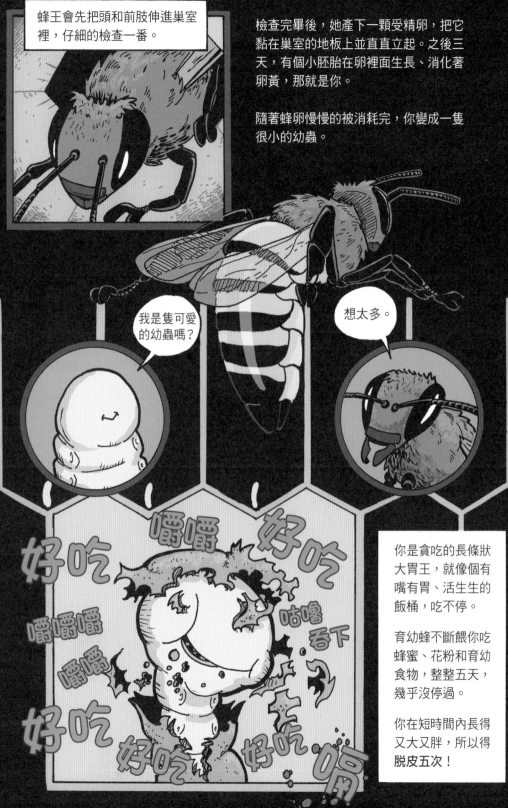

蜂王會先把頭和前肢伸進巢室裡，仔細的檢查一番。

檢查完畢後，她產下一顆受精卵，把它黏在巢室的地板上並直直立起。之後三天，有個小胚胎在卵裡面生長、消化著卵黃，那就是你。

隨著蜂卵慢慢的被消耗完，你變成一隻很小的幼蟲。

我是隻可愛的幼蟲嗎？

想太多。

嚼嚼　好吃　好吃　咕嚕吞下　好吃　嚼嚼嚼　嚼嚼　好吃　好吃　嗝

你是貪吃的長條狀大胃王，就像個有嘴有胃、活生生的飯桶，吃不停。

育幼蜂不斷餵你吃蜂蜜、花粉和育幼食物，整整五天，幾乎沒停過。

你在短時間內長得又大又胖，所以得脫皮五次！

現在沒有人會餵你了，我要封住你的巢室。

完工後，你的頭會轉向巢室頂端，身體伸展開來，然後開始結繭。

我想我真的需要看說明書。還有，我何時會拿到結繭的材料？

你需要的東西已經在你身上了。你口中的絲疣能吐出絲來結繭。

嗯，差不多是這樣。在結繭初期，你會排掉這五天暴飲暴食所積累的廢物，用糞便來補充結繭需要的絲材。

你在開玩笑嗎？

我會吐絲？太酷了！

不是玩笑喔。

結繭之後過幾天，你會脫皮，變成一個完整的蛹。

在自己的便便做成的繭中化蛹？這樣我到底是蜂蛹還是「糞蛹」？

哈哈哈！

呃。

我快笑翻了。

到那個時候就真的愈來愈有趣了。

我喜歡有趣。

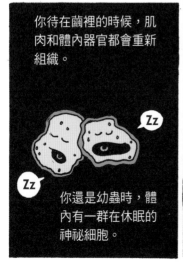

你待在繭裡的時候，肌肉和體內器官都會重新組織。

你還是幼蟲時，體內有一群在休眠的神祕細胞。

Zz

Zz

當你變成蛹，這些神祕細胞會開始分裂和生長。

唉唷！唉唷！

你們分開吧！

唉唷！唉唷！

神祕細胞醒來後，會分解幼蟲時期的細胞，最後取而代之。

這些新細胞會用來建造你的身體。

如何製作蜜蜂

翅　胸部　頭部　觸角

複眼

口器

螫針

足

最後，連你的內臟也會重新組織，然後你會咬破巢室現身。這時的你，是一隻柔軟嬌小的蜜蜂。大約再過一天，你的表皮和毛才會變硬。

嘿！新蜜蜂，感覺如何？

覺得有點黏黏的。

雖然破繭而出，但你的身體還沒發育完全。羽化之後，你要立刻吃下大量花粉，大顎腺和脂肪體才能正常生長。

嚼嚼嚼
嚼嚼

嚼嚼

嚼嚼 嚼嚼

以上就是變態過程會發生的事。

我明白了。

你要離開我了？

我還有其他巢室要處理。

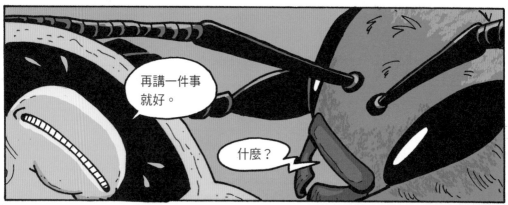

再講一件事就好。

什麼？

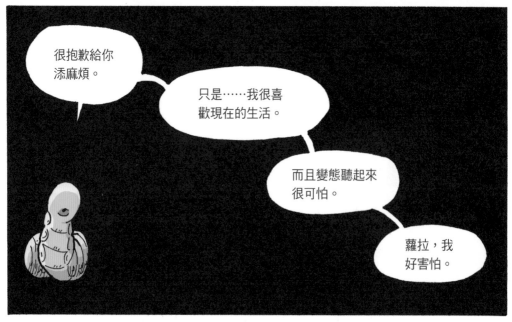

很抱歉給你添麻煩。

只是……我很喜歡現在的生活。

而且變態聽起來很可怕。

蘿拉，我好害怕。

妮琪，沒什麼好怕的。變態聽起來很奇怪，其實是很自然的過程。

而且到時我會在這裡等你。

我保證。

但是裡面好黑喔。

我好寂寞。

我懂。

我跟你一樣大時，也這樣覺得。

不過，你必須獨自完成這件事。

相信我，妮琪，當這一切結束，你從小巢室爬出來時……

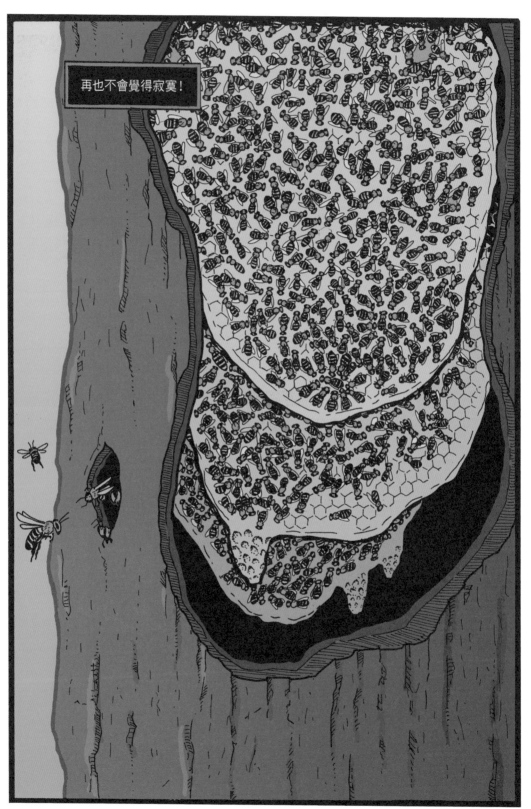

2

# 蜂群的規矩

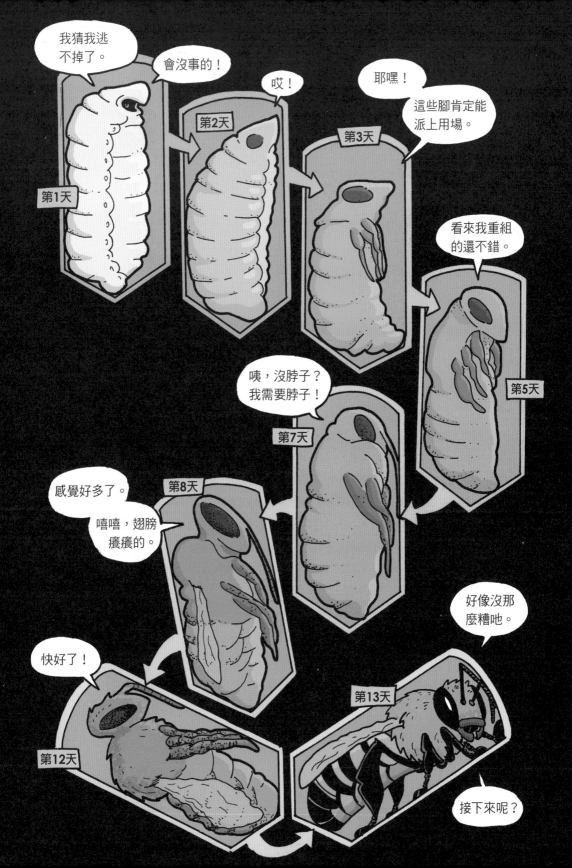

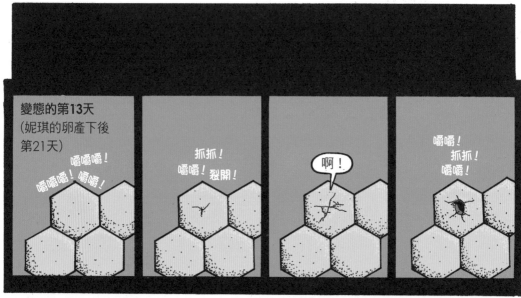

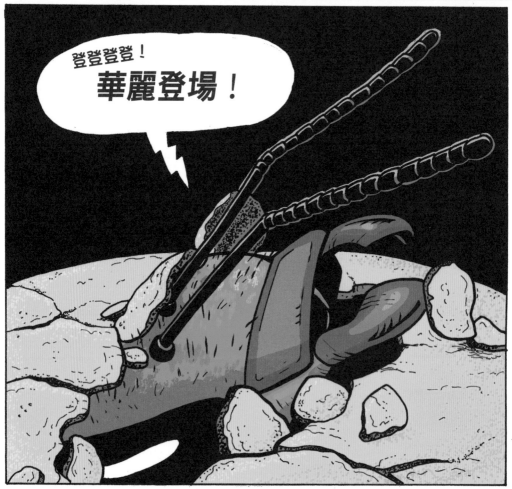

各位，麻煩奏樂！
我，妮琪，成功通過變態的重重關卡與挑戰。

所以呢？

這裡每隻蜜蜂都通過了。

每隻蜜蜂？是多少隻？

這個蜂巢裡大約有16000隻蜜蜂。

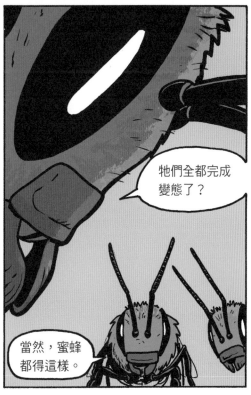

牠們全都完成變態了？

當然，蜜蜂都得這樣。

好吧，或許變態沒什麼，不過孵化出我的卵可是蜂王**親自**生下的！

呃，蜂王是唯一能交配的蜜蜂，巢裡所有的卵都是她生的。

天啊！我以為我很特別。

你是獨一無二的沒錯，

你是我見過最蠢的笨蛋。

哈哈哈。

看來你很快就交到朋友了。

蘿拉？

唉……

34

哇哇！你真的在這！

我說過我會在呀！

你有照我說的，開始吃花粉嗎？

呃……

你一出來就要趕快吃花粉，大顎腺才會長得好。

記得嗎？

嗯……

來，我跟你說花粉在哪裡。

太好了！

蘿拉，你還是在封巢室嗎？

沒有，那件事我只做了幾天。

哈！你工作總是做不久。

才不是，蜜蜂在蜂巢的工作會隨著日齡改變。

我之前不是跟你說過嗎？

知道啦。

只是想鬧你。

嘖。

我剛開始負責為蜂巢通風，這是我第一次在蜂巢外工作，有點緊張。

當蜂巢內部比平常熱時，我們得讓溫度降下來。

育幼蜂會在巢室周圍滴幾滴水……

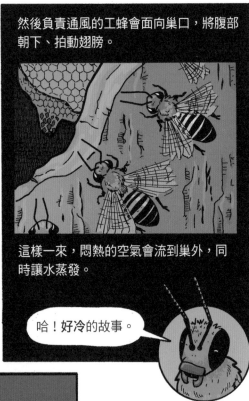

然後負責通風的工蜂會面向巢口，將腹部朝下、拍動翅膀。

這樣一來，悶熱的空氣會流到巢外，同時讓水蒸發。

哈！好冷的故事。

我差點忘了你愛說冷笑話。

看來蜂巢現在需要補充熱空氣。

哈！我喜歡……喂！

你跑來是要找我麻煩嗎？

當然不是！我趁休息時間來幫你安頓，騷擾你只是剛好而已。

這裡是保存花粉的地方，來挖吧。

嚼嚼
嚼嚼嚼
嚼嚼

嗯，正合我意！

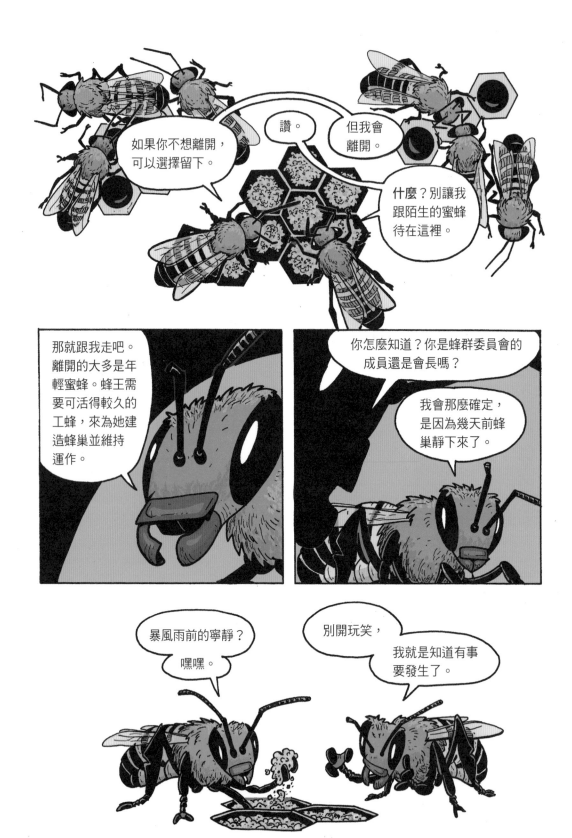

蘿拉，這聽起來好像你之前說的那些神話故事。

還記得你跟我說的「世界之花」嗎？

少來了！

呃。

聽著，我才不在乎你相不相信。但有些事情就是會發生……

哎！

快閃開！

時候到了！

時候到了！

蜂湧而出！

蜂湧而出！

他們失控了！

蘿拉，他們推來推去的那隻大胖蜂是誰？

我的老天啊！

那是蜂王哈綺！

快把她放下，你們這些傻蛋！

抱歉陛下，我們只是有點興奮。

沒事，沒事。

這些蜜蜂是怎麼回事？

蘿拉，沒事，

他們只是因為**分蜂**感到興奮。

你為了保護我已經失去一根觸角，如果另一根也失去，你會聞不到任何味道。

您真的是蜂王嗎？

我是。

女士，方便向您請教嗎？

嗯。

您為什麼有這麼大的屁股？

妮琪，尊重點！她可是蜂王！

哈哈！親愛的，這是腹部。

腹部大是因為裡面裝著很多器官，才能產下**100萬顆卵**。

我通常看起來會更巨大呢！

但上星期我瘦了很多。

哇。

您生病了嗎？

不，是因為要分蜂了，所以工蜂幫我減肥，我才能成為敏捷的飛行員。

等等，蘿拉，你剛叫她妮琪嗎？

她就是你擔任我的隨從時，提到的那位特別的小妹妹？

嗯......我不是......我是指......呃......

蘿拉，你認為我很特別？

我是指特別的**奇怪**，妮琪。

你會加入這個蜂群嗎？

是的，陛下。

很好。妮琪，那你呢？

我不知道......

你必須快點決定，因為新蜂王快要登場了。

呃，我不太明白......

我們已經有蜂王了，為什麼還要有其他蜂王？

這背後的故事非常有趣，妮琪。

聽好嚕，蜂巢的蜂王既是僕人也是**領袖**。

身為僕人，我不斷的產卵，為蜂巢製造更多工蜂。

一、二、三、四。

呼！

動作加快，蜂王！

身為領袖，我用體內釋放的化學物質來控制工蜂，這種化學物質稱為**費洛蒙**。

我的隨從們會把這些費洛蒙帶給蜂巢的工蜂。

如果工蜂用大量的蜂王乳餵養幼蟲，很可能會養出蜂王。
但因為受到我的費洛蒙影響，工蜂並不會這麼做。

嘿，我有個想法。

我們別養新蜂王吧。

喔，我喜歡這個想法。

隨著愈來愈多工蜂出生，蜂巢變得「蜂滿為患」。

由於蜂巢過於擁擠，我的隨從無法將費洛蒙帶給蜂巢中的每隻蜜蜂。於是我失去了對這些蜜蜂的控制，牠們就會開始培養蜂王。

嘿，我有個想法。

讓我們來養更多蜂王吧。

喔，我喜歡這個想法。

這樣也好，因為一旦蜂群擴大，我就會分蜂來緩解擁擠的情況。而原本的蜂巢會需要新蜂王。

這就是蜂巢自然運作的方式，妮琪。

嗡嗡嗡 嗡嗡嗡

安靜。

聽到了嗎？

嗡嗡嗡嗡嗡嗡

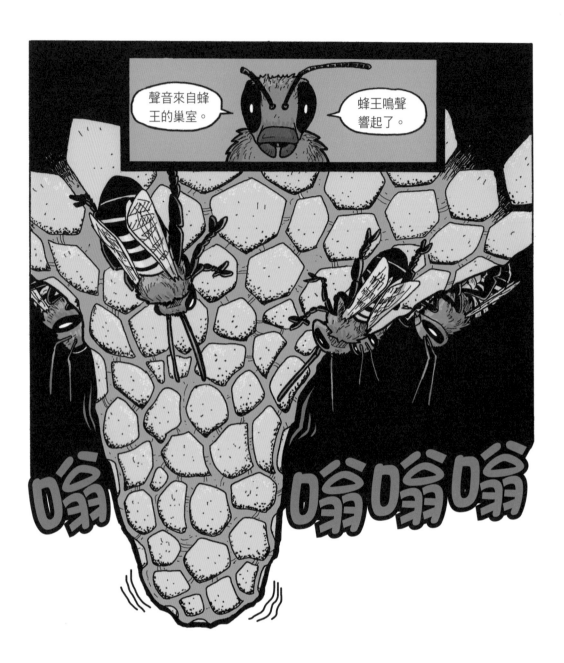

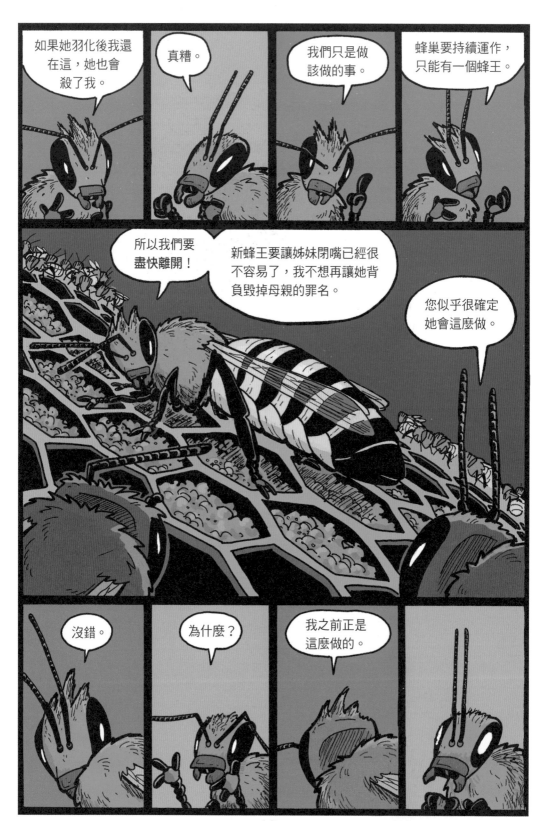

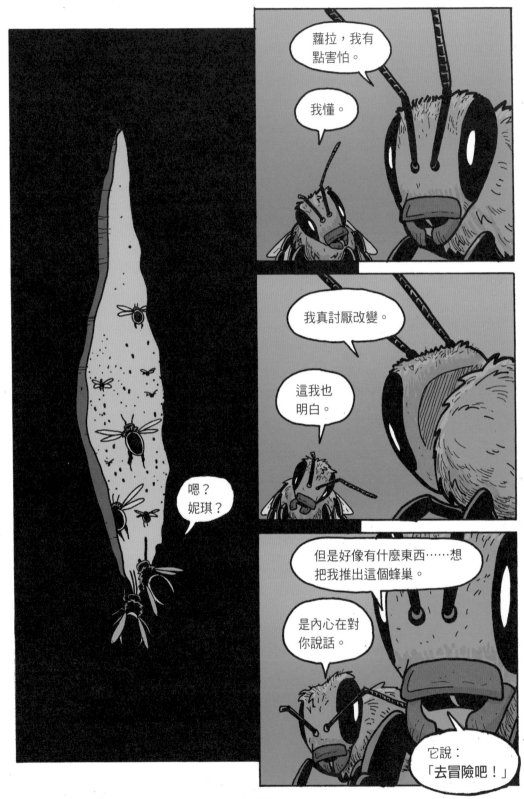

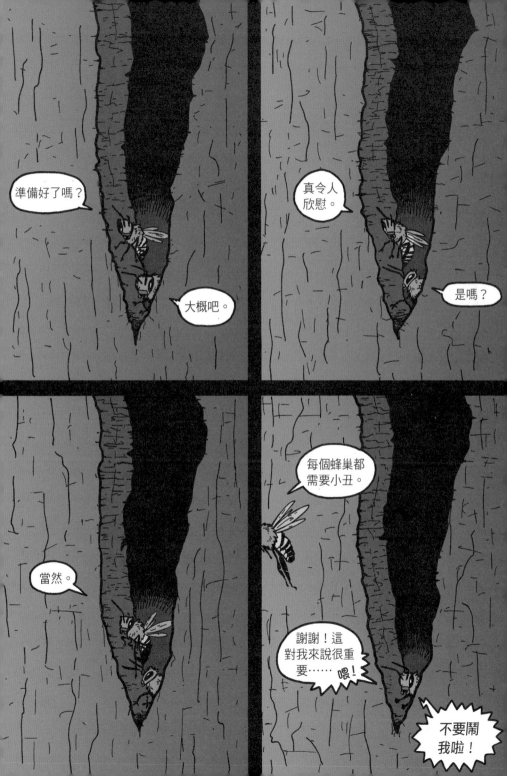

50

51

好的，大家聽好！

我們要徵求偵察員，尋找合適的地點建造新蜂巢。

我可以。

我去。

我。

妮琪，我會加入偵察。

你還年輕又沒經驗，最好留在蜂群中。

但是飛行好好玩，我也想一起去。

不，你好好待著。

別惹麻煩啊。

我馬上回來。

哈囉！姊妹！

噫！

我是你的兄弟詹柏。

你嚇到我了。

是我啊，你的兄弟詹柏。

你好，我是妮琪。

我們坐在這裡等待就好嗎？

是的。偵察蜂會很快帶回候選巢穴的地點。
每一隻蜂都會跳一支舞，代表找到的巢位方向。

巢穴地點愈好，舞蹈跳得愈激動。
最後，大家會加入舞姿最棒的偵察蜂，跟隨她飛到新巢位。

為何要跳舞？

不能直接說出巢位在哪裡嗎？

我不知道。

我是詹柏！

我知啦。

有點無聊。

蘿拉要我留在這裡，但我敢打賭，我能為我們找到新家，詹柏。

詹柏呢？

哈囉姊妹！我是你的兄弟詹柏！

呀！你嚇到我了。

唉。

哼，

蘿拉又不是
我老闆。

嘿嘿。

我迫不及待想看看——
當我找到史上最棒巢位
時，蘿拉臉上的表情！

哇，看看那棵樹！

長得又大又穩。

寬敞的空間。

周圍還有很多花。

太帥了！我等不及要告訴姊妹了！

# 3

## 捉迷藏

請問……

裡面是誰？

嗯……誰也不是。

哈哈，別害羞。出來吧！

我不害羞啊。

我只是餓了。

哇，你和樹葉融為一體了。

這樣比較容易躲起來。

對不起，我打擾到你了。

不，不，我正準備要吃飯。

西西！你這笨手笨腳的糞金龜！

你撞到花，害我的獵物跑了！

純屬意外啊！

因為我習慣倒退走，所以看不到前面的路。

但是我真的好餓！

埋伏本來就需要耐心啊，湯姆。

再說，你的食物怎麼會跑掉？我記得蟹蛛只要一咬，獵物會立刻死亡。

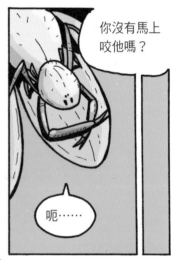

你沒有馬上咬他嗎？

呃⋯⋯

湯姆啊，湯姆。

你又得意忘形了？

管好自己啦！你下次走路要看路。

嘖，我每次和那傢伙講完話，都會想叫他「嘮叨蛛」。

真是囉嗦。

現在我迷路了，
而且渾身溼透。

可以麻煩
一下嗎？

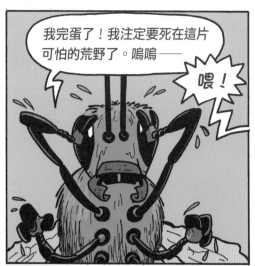

我完蛋了！我注定要死在這片
可怕的荒野了。嗚嗚——

喂！

怎麼？

可以幫我
一下嗎？

哦！
對不起。

我快要對你產生很
差的第一印象了。

我剛道
歉了。

扯平。

我們
重來！

嗨，我叫西西。

我是蜜蜂
妮琪。

好的，妮琪，在我們「撞到」彼此之前，我有經過你的蜂群。

你能帶我去嗎？保證我安全抵達？

這世界上沒有任何保證，但只要你不亂發脾氣，我就保證不會殺掉你。

成交。

很好，

我去拿糞球，然後出發。

這是什麼？

糞球。

大便？

對，我是隻糞金龜，我們收集牛糞來餵幼蟲。

好噁。

哼，蜂蜜才噁好嗎？

只是生活方式不同。

多數生物都自力更生,但蜜蜂為了互惠互利而共同生活。這種社會行為讓你們成為動物界中的怪咖,奇怪的不是我們好嗎?

你看起來就很愛生氣。

因為我離開蜂巢後遇到的生物都和我不一樣,你們都好奇怪。

這讓我們顯得特別。

只是生活方式不同啦。

應該吧。

呃……

怎麼了?

換我躲在糞球底下……

啊?你聽到什麼聲音?

刺了就會死？

麻煩解釋一下，好嗎？

好的。

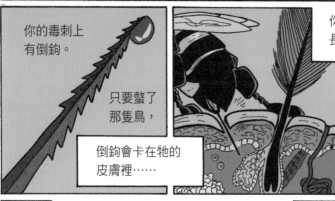

你的毒刺上有倒鉤。

只要螫了那隻鳥，

倒鉤會卡在牠的皮膚裡……

你的毒刺會斷掉，連帶把你長長的腸子拉出來……

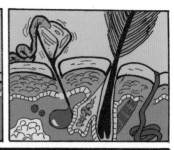

不過，這是非常有效的武器。在你與毒刺分離、即將死亡時，毒刺上的毒囊會繼續將毒液注入被你螫傷的動物體內。

天啊！要是我在野外迷路，唯一能保護自己的東西居然會殺死我。

毒刺不是為了保護你，而是用來保衛蜂巢的。

知道嗎？你不是世界的中心，

你是蜂群的一分子。

好啦。

謝謝你告訴我，西西。你已經救我兩次了。

不客氣，但就像我對湯姆說的，第一次純屬意外。

你是說，要不是你推糞球的技術太差，你就會讓他吃掉我？

對啊，湯姆不是壞蛋。雖然我們做事方法不同，但不代表我比他好。我們都是大自然的一分子，我不會故意干擾他的生存方式。

但是……

鳥離開了，我們走吧！

你得站在上面。

糞球上？

我知道你的蜂群大概在哪裡，但我是倒退走，如果你在上面，可以避免我撞到東西，快抵達時也可以提醒我。

喔好。

西西，為什麼你這麼了解蜜蜂？

你想得到的地方，幾乎都有我的家族成員，我們還會互相八卦看到的一切。關於蜜蜂的知識大都來自蜂巢小甲蟲，牠們喜歡吃你們的食物，並在巢室裡大便。

在蜜蜂嘔吐物裡大便？

現在你明白了吧！

是的，我可真幸運……

你知道我有多擔心你嗎？

下次不敢了。

我今天學到寶貴的一課。

真的嗎？

是的。這個世界非常非常可怕。

我再也不要離開蜂巢了。

當你成為覓食蜂，每天都要出去採集花蜜和花粉。

不！太危險了。

什麼？別傻了！

大自然是個好地方，你只需要小心一點。

生活本來就有風險，妮琪，你無法一直躲在蜂巢中。

也許不行，但我還是想躲。

唉，我怎麼不覺得驚訝……

4

保衛家園

我是說這太酷了。

我們正在建造蜂窩吧。

話說有些蜜蜂到我這個階段，可能會聽從內心的聲音，成為覓食蜂。他們四處飛翔、展開冒險，欣賞自然奇觀。

但是，

我不想！

我更想待在蜂巢裡，安然無恙的……嚼著蜂蠟。

我們應該稱得上是了不起的建築師吧？每層蜂房之間都是9.5公釐，每個小巢室的直徑都是5.2公釐。

或用6.6公釐來養育又胖又大的雄蜂兄弟。哈！

哈哈！好好笑！

巢室可以做成圓形的嗎？

還是八角形呢？

或是五角形？

妮琪，別亂來。

那些形狀排在一起都會留下縫隙。

這樣就不能有效利用空間，對吧？

誰知道為什麼巢室不是三角形或正方形？

是因為……

嗡嗡！太慢了。

是因為三角形和正方形的周長都比六角形大，如果做這樣的巢室，會浪費建築材料。

蜂巢的巢室由六角形組成，這樣排列可以得到最多空間。

我們知道啦。

你看！是詹柏！

嘿，詹柏！

妮琪！是我，詹柏。

詹大哥，你知道我們生活在一個用自己的分泌物建造的巢裡嗎？

哈！小姑娘，你總是有奇妙的想法。

我是認真的！我們的蜂窩是由腹部蠟腺分泌的蜂蠟建成。

傻丫頭！詹柏沒有蠟腺。

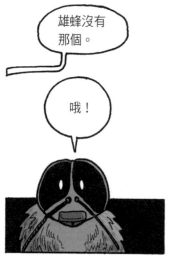

雄蜂沒有那個。

哦！

你看！

我剛分泌了一點蠟片。

太讚了！

現在我可以把它和唾液混合，然後用大顎揉捏形狀。

太驚人了！

我也可以把蠟片分給其他做不出很多蜂蠟的年輕蜜蜂。

女孩們，接好。

當心！

嘎啊！

我快受不了她了，阿里。

比吉，聽說我們的毒刺不會被昆蟲卡住，不像在其他動物身上那樣。

真的？

你是說，我們可以刺傷另一隻昆蟲，但不會有事？

毫髮無傷。

唉，還是算了吧。

嗯，我也只是說說。

詹柏餓了……好妹妹，你的胃裡有蜂蜜可以反芻給我嗎？

我看看。

嘖，你們雄蜂什麼時候才能學會照顧自己？

我也不知道。

你需要蜂蜜做什麼？

詹柏要走了！

告訴我，你要去哪？

喔，這是個光榮的故事，但詹柏擔心你難以承受。

我可以。

如你所願！妹妹，為詹柏的故事做好準備！

聽我娓娓道來……

每天早上，我，詹柏，都會離開蜂巢執行偉大任務：
尋找配偶。

我和其他雄蜂一起在森林空地上方，舉行盛大的聚會。
我們在那裡不斷盤旋，直到新蜂王到來。

瞧！蜂王榮耀的登場了，她身上散發著強烈的愛情費洛蒙香氣，
激發我們求偶的欲望，讓所有雄蜂陷入熱情的狂喜中！

我們盡全力爭取她的注意，因為她一生只參加一次盛大聚會，
在數百隻雄蜂中，她只會接受10到15隻的求偶。

蜂王選中的雄蜂能與她交配，並送她一份遺傳的禮物。
她會把禮物存起來，在接下來幾年中用來讓她的卵受精。
和這麼多隻雄蜂交配，能讓後代的基因更加多元，有助於蜂巢持續茁壯。

當交配完成，雄蜂送出禮物後，他會離開蜂王，
然後墜落，死在林地上。

這是偉大的逝去！

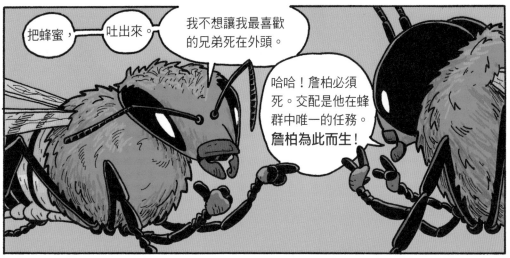

相當深奧，
詹柏。

留在巢裡，
好嗎？

詹柏？

瘋子。

該回來好好工作了。
嗯，姊妹們？

看來寧靜的
時光……

無法持續
太久。

為什麼巢室的
開口端要向上
斜13度？

那是因為……

嗡嗡！
太慢了。
這樣裡面的
蜂蜜才不會
灑出來。

妮琪，
我們知道。

為什麼四天來，你要不斷說著
建造巢室這回事有多奇妙？

我只是想讓你們了解
這份工作很重要。

是嗎？聽起來
更像是你在說
服自己。

阿嘉被一隻搶劫蜂巢的掠奪蜂螫傷，當我們圍攻時，其他蜂也死了。

阿嘉釋放太多警報費洛蒙了，所以大家有點激動過頭。

我們圍攻掠奪蜂，用振動飛行肌產生的熱來殺他。

還好你沒事。

我沒事。

我比較擔心你。

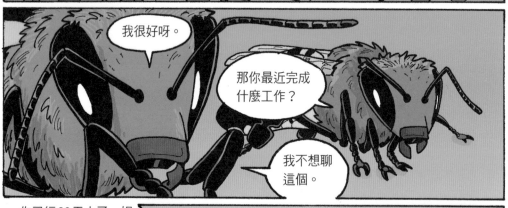

我很好呀。

那你最近完成什麼工作？

我不想聊這個。

你已經20天大了，妮琪，該出去覓食了。

蘿拉，我只出去過一次，就差點被殺兩次。我這輩子不想再出去了。

而且我們有那麼多覓食蜂，多一隻或少一隻都沒差。

你說得沒錯。

但我現在想的不是怎麼做對蜂群最好，

而是怎麼做對我的妹妹妮琪最好。

我知道你喜歡飛，飛行帶給你快樂。

你之前還因為我對飛行感到興奮而罵我。

好啦，我道歉。

聽著，妮琪，你說過內心的聲音告訴你「去冒險！」

你以為那是在蜂巢裡鬼混、惹惱姊妹嗎？

我不在乎。

任何事都不能讓我離開蜂巢，蘿拉，我心意已決！

哎呀！

轟！

嘎！

轟！

什麼聲音？

轟轟

危險！

轟轟

蘿拉？

轟轟轟

救命！

啊！

哇！

大家別緊張，
不會有事的。

你怎麼
知道？

因為我們的大
姊蘿拉總是會
想到好辦法。

就連我們聊天
時，她都在注
意四周狀況。

如果啄木鳥啄開蜂巢，
幼蟲就會被吃掉。

喔……
不……

妮琪，請
你讓開。

她受傷了。

她快死了，我得
把她移到外面。

不！

妮琪，別干擾
送行蜂的工作。

死去的蜜蜂會讓
蜂巢滋生病菌。

我才不
在乎。

她必須
離開。

那請讓我帶她
走，好嗎？

好吧。

來吧，姊姊。

哇，好刺眼！

這世界真美……

蘿拉，這真是太糟了。

我好害怕。

你怕什麼？我才是快要死的那個吔。

而我就是被拋下的那個……

那麼你要加入我嗎？但我得警告你，毒刺被拔掉真的很痛苦。

說真的，

接下來沒有你的日子，我該怎麼辦？

讓我告訴你一個故事。從我守衛時看到的葉子說起……

我在一場暴風中看見它。

看來我還是講不出好故事。

妮琪,你不斷抵抗內心的聲音,拼了命只想留在巢裡。現在你必須放下堅持,別再逃避這個世界。

別再逃避本能。

喔……

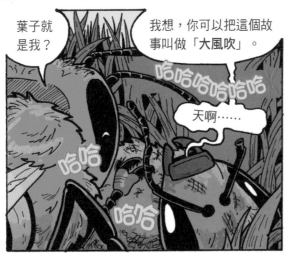

葉子就是我?

我想,你可以把這個故事叫做「大風吹」。

哈哈哈哈哈哈

哈哈

哈哈

天啊……

蘿拉!

妮琪,我走嘍。

不!拜託不要。

離開之前,我必須告訴你一件非常重要的事。聽我說……

你說,我在這。

這件事你必須知道……

我正在聽。

我希望你一輩子都記得。

是什麼?

5

我有個計畫!

但我最好先動動我的飛行肌。

早安，妮琪。

早安呀，女孩們。

嗨，姊妹。

嘿。

這幾天花兒們瘋狂綻放，

今天聞起來就是個採蜜的好日子。

是啊，不過我認為有些夥伴得拿點蜂膠。

那些黏黏的樹脂還真麻煩。

但我們得在冬天前用蜂膠把蜂巢入口封好，才能保暖。

還要處理那隻老鼠。

喔，這倒是。

什麼老鼠……？

妮琪，牠在你昨天出去覓食時，闖進了蜂巢。

是我，妮琪！我要降落嚕。

請立正站好！

植物本來就不會動啊！

真幽默。

見到我開心嗎？

如果你有新笑話，我會更開心。

咦，怎麼回事？

啪嚓！

呀啊！你對我做了什麼好事？好痛！好痛呀！

啊！我不是故意的。

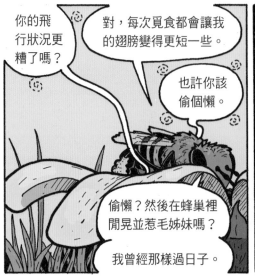

你的飛行狀況更糟了嗎？

對，每次覓食都會讓我的翅膀變得更短一些。

也許你該偷個懶。

偷懶？然後在蜂巢裡閒晃並惹毛姊妹嗎？

我曾經那樣過日子。

你今天好像沒什麼花蜜。

我該退休了，老了。

你這忘恩負義的傢伙，從我這裡拿走的花蜜和花粉也夠多了。

你說誰忘恩負義？是誰把你的花粉帶給其他花兒？

哼！又不是只有你會幫我授粉。

但我是你唯一喜歡的。

也是啦，其他昆蟲拿完想要的就離開了，

只有你了解我花了多少心思，為花蜜和花粉打廣告。

效果很好啊！你亮黃色的花瓣吸引了我，尤其是上面美麗的紫外線線條……

沒錯！那是我熱情好客的最佳說明！只有你們這些昆蟲才能看到紫外線線條，沿著它會直接找到花蜜。

它是專門給昆蟲使用的祕密藏寶圖。

提到我？

她要我帶她的花粉給你。

什麼？那你快去拿！

不要。

為什麼？

因為我剛從她那裡過來。

你不是我唯一拜訪的花！

我在五分鐘前開始把她的花粉撒在你身上。

真的？

真的嗎？

不然你的態度這麼差，我哪有辦法忍耐這麼久？

呀呼！我戀愛了！

你是最棒的朋友，妮琪。

我們是很好的團隊。

但我該回蜂巢了，阿布。

注意安全喔。

回頭見。

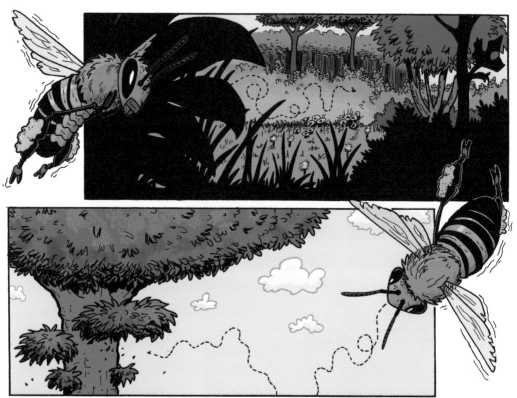

梅麗莎，我這裡有花蜜要給你保管。

吐給我吧，妮琪。

你今天還好嗎？

我負責的那片花叢快枯萎了，需要招募一些姊妹，幫忙採收剩下的花蜜。

真希望我能去。

你太年輕了，梅麗莎。

而且花季已經尾聲了。

我知道。

耐心點，待在蜂巢過冬，明年春天就能當覓食蜂。

我明白。

很好。

那麼我要去舞廳嘍。

好的。

下次聊！

女孩們，注意！

現場有新的覓食蜂夥伴嗎？

這裡。

嗯，接下來，我要跳一段指示蜜源方向和距離的舞蹈，滿簡單的，看好嘍！

舞蹈的方向都是相對於太陽的位置，想像一下，現在太陽位在蜂巢上方。

怎麼知道哪邊是上方？

這裡很黑吔。

與重力相反的方向就是上方。

喔。

懂了。

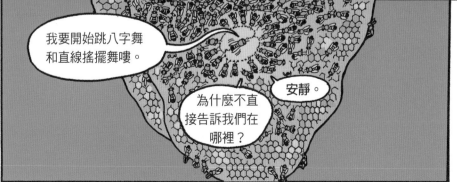

我要開始跳八字舞和直線搖擺舞嘍。

為什麼不直接告訴我們在哪裡？

安靜。

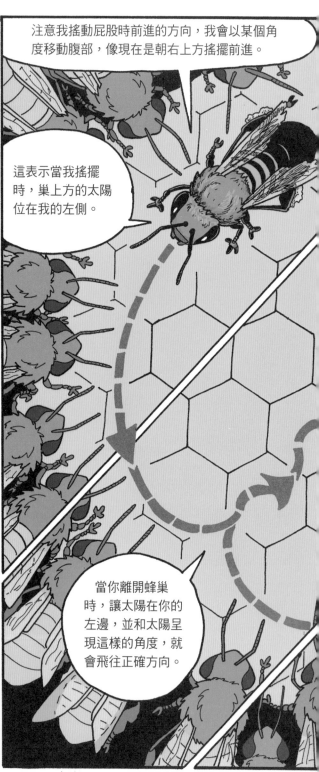

從搖擺舞步持續的時間，可以看出飛行距離。短暫擺動表示蜜源很近，搖得愈久，代表蜜源愈遠。

我跳舞時，你們可以把觸角放在我身上，這樣就能聞到我訪過的花的氣味，才不會拜訪錯誤對象。

好了，我要開始搖晃我的蜜蜂製造器了！

耶耶耶

她第一次拜訪野外時被嚇到了，後來一直躲在蜂巢裡。

那時她只想活下來，而不是認真生活。

她怎麼改變的？

是朋友讓她領悟到大自然的真理。

那是什麼呢？

誰都不能長命百歲！

休息時間結束，麻煩陛下回去產卵。

放尊重點。我是你的蜂王吔！

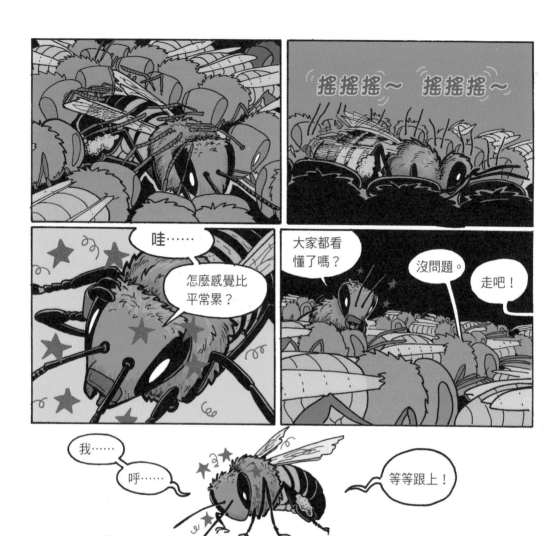

搖搖搖～　搖搖搖～

哇……

怎麼感覺比平常累？

大家都看懂了嗎？

沒問題。

走吧！

我……

呼……

等等跟上！

妮琪！

梅麗莎？

呃……你沒有清空花粉籃。

喔，我愈來愈健忘了。

休息一下好嗎？

不，我在執行任務。

歇一歇。

我正想問你關於大綻放的故事是怎麼回事⋯⋯

梅麗莎，

你是不是希望我待在蜂巢裡？

為什麼我要這麼做？

老實說。

我擔心你這次出去就回不來了。

喔，你別想太多。

我打算帶著滿滿的花蜜回來。

但如果沒有呢？

那麼我會想念這裡的。

非常想。

喂，阿布。

嗯。

呼……

看來他沒聽見。

阿布！

嘿！

你沒……

聽見

我嗎？

妮琪？

妮琪？

你在下面做什麼？

花蜜在上面吶。

我不要花蜜了。

只需要搭便車。

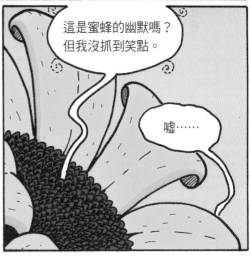

這是蜜蜂的幽默嗎？但我沒抓到笑點。

噓……

讓我在這歇一下好嗎？

134

你怎能這麼冷靜？

因為我有個計畫。

計畫？

聽起來真有意思。

這個計畫來自蘿拉告訴我的故事。我問蘿拉，為什麼蜜蜂死亡時，腿總是交疊在胸前？

蘿拉說，蜜蜂照顧世界之花的後代，所以死後會得到世界之花的獎勵，再也不用工作。而是坐在世界之花的莖上，與姊妹們聊天，直到永遠。

最重要的是，我們的存在讓世界之花受益良多。我們與生俱來的行為，讓世界之花更健全，並且世世代代得以生存。根據蘿拉的說法，我們死後六腿交叉，是因為我們要牢牢抓住世界之花的莖。

很棒的故事。

但我覺得與一群蜜蜂聊天直到永遠，聽起來會老得很快……

這只是個神話。蘿拉讓死亡聽起來沒那麼可怕。

這個故事讓我知道，我終究得死，但這不代表我再也不是蜂群的一分子。如果我的計畫奏效，死了之後我還是可以帶著滿滿的花蜜回到姊妹身邊。

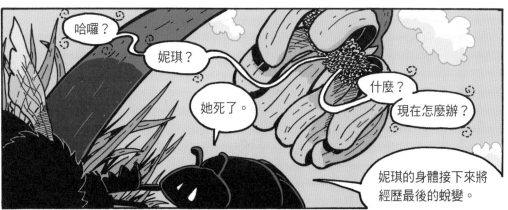

哈囉？

妮琪？

她死了。

什麼？
現在怎麼辦？

妮琪的身體接下來將
經歷最後的蛻變。

四季更迭，你的花會枯萎，
她的身體會被細菌一丁一點的分解。

她的身體將回歸大地，在春天滋養你的根。

妮琪將成為你新生花朵的一部分。

明年你開花的
時候，就會明
白她的計畫。

啊，我愛
春天。

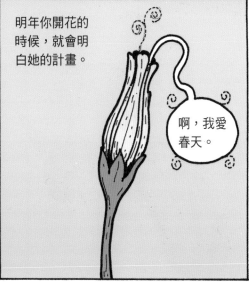

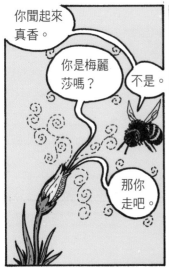

你聞起來真香。

你是梅麗莎嗎？

不是。

那你走吧。

但我想……

門都沒有！

噫，哪來的蠢花。

呃，不好意思，請問您有花蜜嗎？

孩子，你是哪位？

先生，我是梅麗莎。

真的嗎？

那你認識傻蜜蜂妮琪嗎？

認識！她是我們蜂巢的覓食者。

太棒了！

花蜜全都是你的。

太棒了！

你跟她很熟？

她覓食結束、回蜂巢時，我會從她那裡領花蜜。

哈！我就是那朵花，她從我這兒取了很多花蜜。

您是阿布？

沒錯，你怎麼知道？

喔，她一直提起您呢。

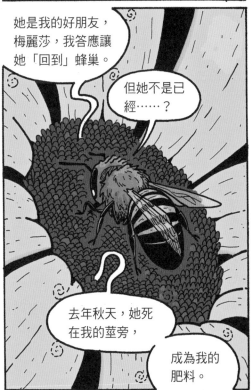

她是我的好朋友，梅麗莎，我答應讓她「回到」蜂巢。

但她不是已經……？

去年秋天，她死在我的莖旁，

成為我的肥料。

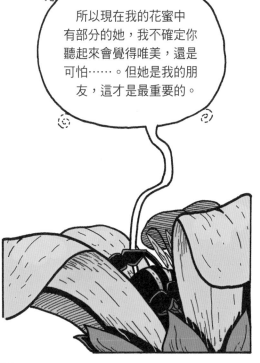

所以現在我的花蜜中有部分的她，我不確定你聽起來會覺得唯美，還是可怕……。但她是我的朋友，這才是最重要的。

全劇終

# 延伸閱讀

# 蜜蜂圖解

胸部：蜜蜂的身體中間為胸部，有巨大的**飛行肌**，讓蜜蜂可以每秒拍打翅膀300次。

體毛：蜜蜂的身體和腿上覆蓋著細小的絨毛，這些細毛像羽毛一樣有分枝，讓蜜蜂能攜帶更多**花粉**。

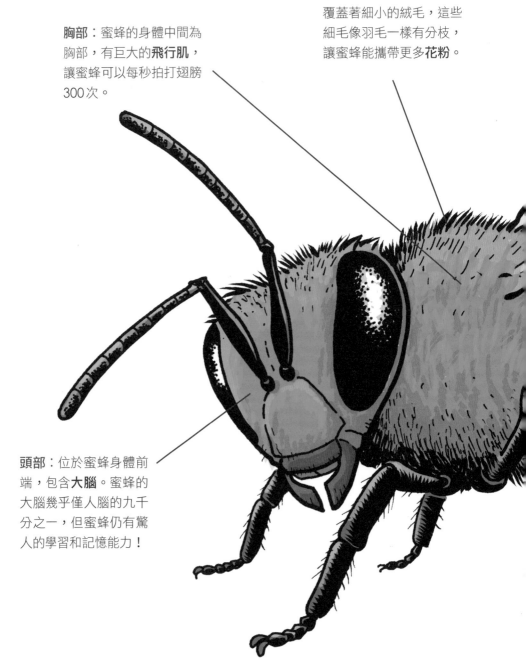

頭部：位於蜜蜂身體前端，包含**大腦**。蜜蜂的大腦幾乎僅人腦的九千分之一，但蜜蜂仍有驚人的學習和記憶能力！

足：所有昆蟲的胸部都長有六條腿，分為前足、中足、後足。

翅膀：蜜蜂的兩對翅膀位於**胸部**。

腹部：蜜蜂的身體尾端是腹部，多數內臟都位在其中。蜜蜂有兩個胃，一個用來消化食物，另一個用來儲存花蜜。惡名昭彰的**毒刺**也位在腹部！

腹板：蜜蜂的腹部分節，由數個可伸縮的腹板組成。

氣孔：腹部上的小孔稱為「氣孔」，蜜蜂透過氣孔呼吸。

花粉籃：蜜蜂的後足寬而扁平，形成「花粉籃」。蜜蜂覓食時，會將花粉與些許花蜜混合成花粉團，黏在花粉籃的細毛上。

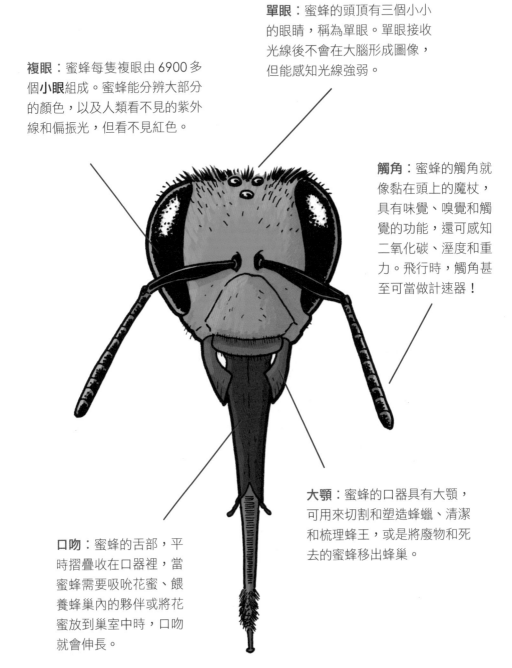

單眼：蜜蜂的頭頂有三個小小的眼睛，稱為單眼。單眼接收光線後不會在大腦形成圖像，但能感知光線強弱。

複眼：蜜蜂每隻複眼由6900多個**小眼**組成。蜜蜂能分辨大部分的顏色，以及人類看不見的紫外線和偏振光，但看不見紅色。

觸角：蜜蜂的觸角就像黏在頭上的魔杖，具有味覺、嗅覺和觸覺的功能，還可感知二氧化碳、溼度和重力。飛行時，觸角甚至可當做計速器！

大顎：蜜蜂的口器具有大顎，可用來切割和塑造蜂蠟、清潔和梳理蜂王，或是將廢物和死去的蜜蜂移出蜂巢。

口吻：蜜蜂的舌部，平時摺疊收在口器裡，當蜜蜂需要吸吮花蜜、餵養蜂巢內的夥伴或將花蜜放到巢室中時，口吻就會伸長。

# 注釋

補充漫畫中的科學知識，解答閱讀時可能產生的各種疑問。

## 漫畫中的蜜蜂形象與情緒

昆蟲不是表情生動的小動物，硬梆梆的外骨骼讓他們無法微笑，他們感到非常生氣時，也因為沒有眼瞼而無法瞇起眼睛。如何讓書裡的漫畫角色不透過擬人化的嘴巴和眼睛，就能表現出情緒，是創作時的一大挑戰。

蜜蜂頭上的觸角就像我們的眉毛，富有表達情緒的功能。我讓妮琪的觸角看起來像豎起的頭髮，用來表現驚訝；並用大顎的開闔來表現說話，有時藉由突出的大顎內部曲線，也能表現微笑。

較難呈現的情緒是憤怒和沮喪，不過最後我的靈感還是來自蜜蜂。我擔任博士後研究員時，研究蜜蜂對氣味的學習，訓練蜜蜂討厭某種味道，當蜜蜂聞到這些氣味，有時會戲劇性的讓大顎交叉，於是我利用這個動作加上下垂的觸角來表現憤怒，讓漫畫中的蘿拉、比吉和阿里看起來很生氣。

人類靠眼部傳達很多情緒，大都透過眼瞼和眉毛來表達，這部分我也利用蜜蜂的觸角來發揮。另外，人類可以經由他人眼中的瞳孔位置，得知對方在看哪裡，但是蜜蜂沒有瞳孔。不過，當光線從蜜蜂近 7000 個小眼反射時，會在複眼中間產生白點，我就用這個白點代替瞳孔的功能。

故事中有個特例，讓我暫時把科學放到一旁，直接以漫畫方式呈現，那就是蜜蜂幼蟲。一般來說，像蜜蜂幼蟲這樣的「大食怪」，只有一張用於進食的嘴巴。牠們的嘴不是很大，也難以表現情緒。另外，幼蟲沒有牙齒，張開嘴也看不到小舌（位於上顎末端的中間）。但我想讓幼蟲妮琪看起來可愛一點，所以為這個角色畫了大大的露齒笑容，當她在漫畫中大喊大叫時，也可以看到她的嘴巴裡露出顯眼的小舌。

最後，我想對各位讀者說：真實世界的蜜蜂不會說話，但牠們確實會溝通。蜜蜂會藉由氣味和舞蹈，在蜂群中傳遞大量訊息。

## 第 1 章：生命的蛻變

### 大綻放理論

所有文化都有神話，講述人們如何看待這個世界，以及在其中扮演的角色。我在漫畫中想像蜜蜂會如何述說生命的起源，因此故事從「大綻放理論」這樣的創世神話開始，而妮琪的宇宙中心是一朵維繫生命的花。

大綻放理論的靈感來自於**大霹靂理論**，這是人類目前描述宇宙如何形成的主要觀點。在大霹靂理論中，宇宙一開始是個極其密集和熾熱的點，於137 億 7200 萬年前爆炸。在宇宙爆炸後，所有的粒子、元素和輻射都隨

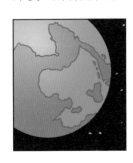

著宇宙迅速膨脹而形成。那肯定是場相當巨大的爆炸，讓宇宙現在仍在膨脹。

### 太古濃湯

地球大約在 45.5 億年前形成。起初它是由雜亂氣體組成的火熱星球，再經過了大約 5.5 億年，第一批 RNA 和 DNA 分子出現於古代海洋。RNA 和 DNA 是構成生物的基本分子，在這兩種分子出現約 5 億年後，第一個單細胞生物才誕生在地球上。

### 寒武紀大爆發

單細胞生物獨占地球約 30 億年，接著，大約 5 億年前，由多個細胞組成的大型生物迅速演化。由於這個過程發生在寒武紀初期，又稱為「寒武紀大爆發」。本書第 13 頁可看到畫面上有各種可愛的古怪寒武紀生物，如三葉蟲、微瓦霞蟲、奇蝦，還有我最喜歡的歐巴賓海蠍。

## 爬上陸地

有關我們的祖先登上陸地的這個階段，最令人興奮的發現是名為「提塔利克魚」的化石。提塔利克魚生活在大約 3 億 7500 萬年前，看起來像魚和兩棲動物的混合體。牠有鱗片和鰓，但和其他魚類不同的地方是，牠的鰭有骨頭，這讓提塔利克魚可以像蠑螈一樣支撐身體。提塔利克魚魚鰭中的骨頭，與你手臂的骨頭非常相似，只是小得多！

## 昆蟲星球

昆蟲祖先最早的化石證據說明，牠們在 4 億多年前爬上陸地。換句話說，昆蟲和牠的近親在我們的祖先爬出海洋前的 3000 萬至 4000 萬年，也就是人類出現前的數億年，就開始適應各種陸地環境。也難怪昆蟲有能力比人類搶先一步主宰天空。

## 六足動物迎新會

馬陸、蜈蚣、蜘蛛和昆蟲早在我們的兩棲類祖先爬上岸之前，就占據了這片土地。由於當時陸地上的昆蟲不太好辨認，所以我在本書第 14 頁畫出大家比較熟悉的昆蟲，如甲蟲、螳螂、蚱蜢、蟑螂、蝴蝶和蜻蜓，不過事實上應該只有蜻蜓和蟑螂會出現在當時迎接新鄰居的聚會。蜜蜂則是在一億年前的白堊紀，才與開花植物一起演化出來。

## 昆蟲與近親的勝利

世界上所有生物中，超過 80％是昆蟲和牠的近親。牠們體型小、繁殖速度快，還能適應多種不同環境，讓牠們獲得了令人難以置信的生存勝利。科學家們使用各種不同的技術來尋找昆蟲，也不斷更新我們計算地球上物種數量的方式，目前大概只剩雨林的樹冠層未被澈底檢視，因為又大

又重的人類很難站上又高又細的樹枝。目前最合理的推測是，地球上有 900 萬到 3000 萬種昆蟲。如果個別算出每個種類，如螞蟻、蜜蜂、甲蟲各有多少隻，再相加起來，會得出「有 100 萬兆隻昆蟲在我們周圍飛翔」這樣驚人的事實。

## 蜜蜂一生的工作

蜜蜂在蜂巢中會經歷一系列的工作項目，但是沒有規定誰固定做什麼事情。雖然整體而言，多數蜜蜂會從清潔巢室開始，最後負責覓食，但蜜蜂畢竟不是機器，有時會根據蜂巢的需求來調整，也可能一輩子都做同一份工作。蜜蜂的平均壽命超過 52 天，一般來說，牠們在蜂巢的工作順序與相應的日齡如下：

- 巢室清潔（1 ～ 7 日齡）
- 巢室加封（2 ～ 10 日齡）
- 伺候蜂王（4 ～ 14 日齡）
- 育幼（7 ～ 15 日齡）
- 接管花蜜（10 ～ 16 日齡）

- 處理花粉（9 ～ 19 日齡）
- 蜂巢清潔（9 ～ 23 日齡）
- 興建巢室（12 ～ 23 日齡）
- 通風（13 ～ 23 日齡）
- 守衛（15 ～ 27 日齡）
- 覓食（18 ～ 52 日齡）

蜜蜂最大的行為轉變，是從蜂巢中的**建築工蜂**改為戶外**覓食蜂**，這兩項工作需要完全不同的行為。科學家已證實，建築工蜂和覓食蜂的大腦中有一組獨特的基因調控，稱為「表觀遺傳甲基化」。簡單來說，當蜜蜂是建築工時，牠們的覓食基因上會有甲基這種分子，蜜蜂就不會表現覓食基因，讓牠們的行為像建築工一樣。當蜜蜂成為覓食蜂時，覓食基因上的甲基會去除，改附著在建築工基因上。

但蜜蜂怎麼知道何時要進行這種轉換呢？答案與環境因素有關，請見第 158 頁「如何養出覓食蜂」。

## 幼蟲的屁股

漫畫中，當妮琪還是隻幼蟲時，大部分的時間都吃個不停。等到即將結

繭時，才會排出便便，並用自己的糞便當做結繭材料。但是，為什麼她在發育初期不排便呢？這是因為蜜蜂幼蟲直到發育後期才會長出肛門，所以妮琪一開始只能憋著。

## 成蟲盤

我同意妮琪說的，「變態」聽起來很可怕，因為所有的幼蟲細胞都會分解，然後身體重組……。進行重組的祕密細胞組稱為「成蟲盤」，負責建構並組成蜜蜂的身體。由於昆蟲學家稱成年昆蟲為「成蟲」，而這些細胞就像裝著成蟲材料的盤子，因此簡稱成蟲盤。

## 外骨骼

蜜蜂的外骨骼由稱為「幾丁質」的物質組成。蜜蜂剛破蛹而出時，這些幾丁質分子之間並未連接，就像鬆散的磚塊，不過 24 小時內會進行化學連接，就像在磚塊之間加入水泥，使外骨骼成為堅韌的盔甲。

## 大宅院

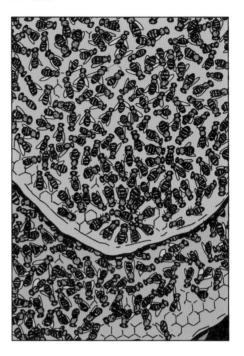

一個蜂巢大約可容納一萬至六萬隻蜜蜂。

## 第 2 章：蜂群的規矩

## 花粉巢

蜂巢裡的巢室有三種功能，育幼室是孵化幼蟲的地方，蜂蜜室是儲存花蜜的地方，花粉則儲存在另外一組巢室中。由於花粉有各種顏色，所以花粉巢壁會因當時盛開的花朵不同而有不同顏色，相當美麗。

## 分蜂前的寧靜

分蜂又稱「分封」。漫畫中妮琪開玩笑形容「分蜂」是「暴風雨前的寧靜」，這不只是玩笑，在分蜂前數小時，蜂巢確實異常安靜，很有趣吧？當蜂群準備好分蜂，蜂巢內會瀰漫一股熱烈的氣氛，蜜蜂會愈來愈興奮，並且迅速達到高峰，直到牠們真的帶著無助的蜂王，從蜂巢中蜂湧而出。

## 蜜蜂的三種分工

蜂巢中有三種類型的蜜蜂。多數蜜蜂是像妮琪和蘿拉這樣的**工蜂**，牠們能完成幾乎所有重要的工作。受精卵孵化後，餵食幼蟲少量育幼食物（含有蜂蜜、花粉、育幼蜂腺體分泌物）和少量蜂王乳，就能養出工蜂。所有工蜂都是雌性，但無法生育和產卵，牠們共同的母親是蜂王。

每個蜂巢中只能有一隻**蜂王**，蜂王的體型比女兒工蜂大，負責產下巢中所有的卵。蜂王在年輕時會離開蜂巢一次，進行交配。牠可以和多達 17 隻雄蜂交配，並保存精子，留到之後使用。蜂王產卵時，可以控制是否用精子授精，受精卵會發育成工蜂或蜂王，未受精的卵則會發育成雄蜂。雄蜂可說沒有父親，但有外公（蜂王的父親）。厲害的蜂王一天可以產下 1500 顆卵！

在蜂巢中，相對於工蜂，**雄蜂**只占少數。雄蜂外表看起來與姊妹工蜂截然不同，因為雄蜂是由未受精的卵發育而來的。正如漫畫中詹柏的模樣，雄蜂體型較大、沒有毒刺，頭部幾乎被巨大的眼睛占滿。雄蜂在蜂巢中不太需要工作，也不怎麼會照顧自己，得靠工蜂餵食。

育幼蜂用大量蜂王乳餵食從受精卵孵化的幼蟲，就會養出蜂王。與一般

育幼食物相比，蜂王乳有更多腺體分泌物。蜂王幼蟲的餵食次數也較多。

## 房產投資客

偵察蜂是挑剔的房產投資客，負責尋找符合條件的住所，例如蜜蜂需要15至40公升的空間，還要有個開口較小的出入口，以及良好採光保持溫暖。偵察蜂勘查時，得用僅有95萬個神經元的大腦完成空間運算，然後返回，把新蜂巢的位置告訴姊妹。

## 第3章：捉迷藏

## 糞金龜

糞金龜在生態系中扮演很重要的角色。牠會將糞球埋起來，牠的配偶會在裡面產下一顆卵。卵孵化後，幼蟲會取食糞便並發育。這種繁殖方式相當重要，首先，掩埋糞便能幫土壤施肥，為大量植物和分解者提供食物來源；另外，掩埋起來的糞便不會招致蒼蠅等害蟲來產卵。

## 毒刺

毒刺從產卵器演化而來，所以只有雌蜂有毒刺。產卵器是一種管狀構造，從雌蟲的背部伸出，可鑽入地面或樹皮，將卵產在洞中。工蜂不會產卵，產卵器演化出其他功能——不是鑽入木頭或泥土，而是刺入動物，並且能噴出討人厭的毒液，毀壞動物的細胞並引起疼痛和腫脹。正如漫畫中所説，當蜜蜂把毒刺刺入皮膚有彈性的動物（人類也是）後會死亡，但不是所有帶刺的昆蟲都會如此。例如胡蜂可以用牠的毒刺反覆螫人（想到就覺得折磨），因為胡蜂的毒刺外面有個光滑的鞘。牠們拔出毒刺時，外鞘會滑過動物皮膚，不會被卡住。

第4章的漫畫中提到，蜜蜂用毒刺螫其他昆蟲並不會死亡。這是因為當蜜蜂螫另一隻蜜蜂時，會將毒刺插入幾丁質較薄處，由於幾丁質沒有彈性，因此刺上的倒鉤不會被勾住。

## 第 4 章：保衛家園

### 蜜蜂的嗅覺世界

蜜蜂前半生在漆黑巢室中度過，由於沒有任何光線，什麼也看不見，但是牠們會使用觸角，確保彼此相處融洽。蜜蜂透過氣味，辨別來者是夥伴或陌生人；跳八字舞的蜜蜂也會將牠拜訪的花朵氣味傳遞給夥伴。蜂王會使用費洛蒙的氣味，控制和指導工蜂行為。蜜蜂還會在蜂巢口釋放揮發性費洛蒙，做為警報。

在野外，覓食蜂會根據香味記憶花叢，並用身體散發出的氣味來標記不錯的花叢和水源。蜜蜂生活在充滿氣味的世界中，嗅覺可能是牠們最重要的感官。

### 蜜蜂大戰

不知道你在看漫畫時會不會想：為什麼蘿拉和守衛蜂夥伴，要對搶劫蜂巢的蜜蜂採取如此激烈的行動？事實上，對蜜蜂來說，最凶猛的掠食者正是其他蜜蜂。守衛蜂在蜂巢口耀武揚威的行為，主要是為了保護蜂群免受同類傷害。通常只有在野外缺少蜜源的情況下，才會發生劫巢。資源充足時，蜂群通常會接納或收養來自其他蜂群的蜜蜂。

遇到資源缺乏時，覓食蜂會想尋找其他蜂巢中儲存蜂蜜的巢室。牠會被蜂巢口傳出的蜜味吸引，如果牠設法越過守衛蜂、取得大量蜂蜜，牠會回到自己的巢，招募其他姊妹一起再來掠奪這個蜂巢。這可能導致一場蜜蜂大戰，讓數千隻蜜蜂死亡。

第 4 章開頭的強盜蜂，體色看起來比蘿拉和其他守衛蜂還黑，這是因為強盜蜂在與其他蜜蜂多次戰鬥後，外表會變得光滑，顯得黑黑亮亮。

## 交哺行為

　　蜜蜂經常透過交哺行為來交換蜂蜜或花蜜。交哺行為會發生在工蜂與工蜂之間（妮琪給梅麗莎自己收集到的花蜜）、工蜂餵養蜂王，以及工蜂和雄蜂之間（妮琪在詹柏交配飛行前分給他蜂蜜）。進行交哺行為時，工蜂會將蜜囊中的花蜜或蜂蜜，透過長長的口吻送到另一隻蜜蜂的口吻上。蜂王不太能自食其力，所以大部分的食物來源都要依賴工蜂。蜜蜂跳搖擺舞時也有交哺行為，跳舞的覓食蜂通常會停下舞步，讓姊妹們嘗嘗自己在外頭發現的花蜜。

## 為什麼螫眼睛？

　　故事中，當蜂巢受到攻擊時，蘿拉刺傷了啄木鳥的眼睛並趕走牠，但為什麼是眼睛呢？因為當蜜蜂進入攻擊模式，牠們辨認的刺擊目標之一就是深色物體，比方說啄木鳥的黑色大瞳孔。蜜蜂也會受到動物的氣味或突然的動作刺激而發動攻擊。

## 第 5 章：我有個計畫！

## 古老的伙伴關係

　　開花植物和蜜蜂都出現在白堊紀時期，從那時開始，就一直共同演化。恐龍在地球上昂首闊步的最後一段歲月中，昆蟲和植物才剛開始建立緊密關係，這種關係讓彼此接下來糾纏了數百萬年。

　　蜜蜂需要蛋白質和糖才能生存，植物則需要與其他同類交換花粉，才能繁衍後代。有些植物利用風來攜帶花粉，但如果風向錯誤，可能永遠到不了正確目標，最好能有個授粉者，如昆蟲，把花粉帶到其他花上。因此，開花植物透過提供花粉和花蜜（蛋白

質和糖），吸引蜜蜂訪花。隨著時間演進，有些花和授粉者共同演化出專屬的夥伴關係，如果其中一方不幸滅絕的話，就會連累另一方。

## 保暖

每個夏天的早晨，蜜蜂都會爬到蜂巢外，在陽光下取暖。蜜蜂和體溫能保持恆定的人類不同，昆蟲的體溫會隨著環境而改變，得想辦法讓自己暖和起來。其中一種方法是曬太陽，讓天空中的火球幫自己加熱，但當天氣較冷時，蜜蜂有另一個技巧，就是收縮胸部的飛行肌，這麼做可以讓他們在不用拍打翅膀的情況下顫抖，產生熱量。如果太冷，連顫抖也起不了作用，蜜蜂體溫會變得非常低，無法進行任何動作而陷入昏迷。昏迷期間的蜜蜂（以及所有昆蟲）雖然看起來好像死了，但只要恢復體溫，就能恢復活動力。我的博士論文研究的主題，正是蜜蜂在昏迷期間肌肉會發生什麼事，非常有趣。

## 花粉籃

蜜蜂的後足毛多、寬闊、平坦且略呈杯狀，稱為花粉籃。蜜蜂會將蒐集到的花粉與少量花蜜混合，然後固定在後足上。花粉籃上的細毛也能幫助花粉固定。

## 如何養出覓食蜂

當梅麗莎收到妮琪的花蜜時，她得到的不只是甜甜的植物果汁，還有能讓她延緩成為覓食蜂的化學訊息。覓食蜂利用蜜囊攜帶花蜜，蜜囊會分泌化學物質「油酸乙酯」，並混入花蜜，這種物質能抑制工蜂成為覓食蜂。只要蜂巢裡有很多覓食蜂，大多數接管花蜜的工蜂就會受到抑制。

但覓食蜂終究會死亡，隨著牠們死去，愈來愈少工蜂會收到含有化學物質的花蜜，於是成為覓食蜂。透過這種方式，可以保持一定數量的覓食蜂，為蜂巢獲取花粉和花蜜。

漫畫中妮琪認為梅麗莎還沒準備好成為覓食蜂，因此她與梅麗莎分享帶有油酸乙酯的花蜜，確保她不會變成覓食蜂。

## 寧可用飛的

對蜜蜂來說，步行比飛行需要消耗更多能量，所以妮琪最後一次走到阿布那裡時，很可能已筋疲力盡。

## 過冬

蜂群為了度過寒冬，工蜂會聚集在蜂王和幼蟲周圍，收縮飛行肌，以顫抖的方式產生熱，讓每個夥伴保持溫暖。工蜂也會吃蜂巢中的蜂蜜，保持體力。部分幸運的蜜蜂能度過漫長而寒冷的冬天，讓蜂巢可以在春天重新開始運作。

## 昆蟲的特色

為什麼蜜蜂不像人類長的這麼巨大呢？答案是因為骨骼和呼吸方式。

人類的骨頭在身體裡面，可支撐較重的體重。蜜蜂及其他昆蟲的骨骼在體外，這種外骨骼是由幾丁質組成的硬殼，儘管非常堅韌，但不能承受太重的體重。呼吸方式也是限制昆蟲體型的原因。人的肺臟讓血液能將氧氣輸送到體內所有細胞，蜜蜂和其他昆蟲沒有肺，氧氣透過氣孔進入體內，再由氣管輸送，這些氣管得布滿體內幾乎每個細胞。如果蜜蜂很大，必須擁有無數個氣管，但即使如此，氧氣可能仍無法送達每個細胞。

## 蜜蜂的構造

蜜蜂和所有昆蟲一樣，可以分為頭部、胸部和腹部。頭部含大腦和大部分感覺器官。蜜蜂的兩根觸角位於頭部，有味覺、嗅覺和觸覺的功能。複眼在頭部兩側，每隻眼由大約 6900 個小眼組成。每個小眼獨立接收光，並為大腦中形成的圖像貢獻一個「像素」。頭部還有口器，包括口吻，用來吸食花蜜和水。

蜜蜂胸部有強壯的肌肉，讓翅膀可快速拍打。胸部是蜜蜂的運動中心，也是兩對翅膀和三對足生長的地方。

**大腦中的微處理器**

　　蜜蜂的大腦體積僅一立方公釐，但裡面有 95 萬個神經細胞。儘管蜂腦的容量很小，卻能做出令人震驚的行為。蜜蜂有非凡的學習能力，是許多探討學習和記憶的科學家主要的研究對象。我的博士後研究就是在探討蜜蜂如何學習花香。

# 關於角色的名字由來

原著中，作者為每隻蜜蜂取的英文名意思都指「蜜蜂」，只是來自不同語言。

**妮琪**：Nyuki
來自史瓦希利語

**蘿拉**：Dvorah
來自希伯來語

**哈綺**：Hachi
來自日語

**詹柏**：Zambur
來自波斯語

**阿嘉**：Abeja
來自西班牙語

**梅麗莎**：Melissa
來自希臘語

**糞金龜西西**：**Sisyphus**
這個名字來自希臘神話中的薛西弗斯，他受到懲罰，得將一塊巨石推上山，但每次到達山頂後巨石又會滾回山下，他得如此永無止境的重複下去。我還是一名研究生時，有次參加昆蟲問答遊戲，我的團隊抽到關於糞金龜的題目，我是第一個答對的人。由於這種情況很少發生，所以令我印象深刻。

**阿布**：Bloomington
來自世上最棒的大學籃球隊的家鄉布盧明頓。

# 參考文獻

本書主要參考的資料，每一篇都是傑作，有豐富的蜜蜂知識來源，
還附照片和圖表，是很有價值的參考資料。

Herb, Brian R., Florian Wolschin, Kasper D. Hansen, Martin J. Aryee, Ben Langmead, Rafael Irizarry, Gro V. Amdam, and Andrew P. Feinberg. "Reversible Switching between Epigenetic States in Honeybee Behavioral Subcastes." *Nature Neuroscience* 15, no. 10 (2012): 1371–73. https://doi.org/10.1038/nn.3218.

Hosler, Jay S., John E. Burns, and Harald E. Esch. "Flight Muscle Resting Potential and Species-Specific Differences in Chill-Coma." *Journal of Insect Physiology* 46, no. 5 (2000): 621–27. https://doi.org/10.1016/s0022-1910(99)00148-1.

Hosler, Jay S., Kristi L. Buxton, and Brian H. Smith. "Impairment of Olfactory Discrimination by Blockade of GABA and Nitric Oxide Activity in the Honey Bee Antennal Lobes." *Behavioral Neuroscience* 114, no. 3 (2000): 514–25. https://doi.org/10.1037/0735-7044.114.3.514.

Leoncini, I., Y. Le Conte, G. Costagliola, E. Plettner, A. L. Toth, M. Wang, Z. Huang, et al. "Regulation of Behavioral Maturation by a Primer Pheromone Produced by Adult Worker Honey Bees." *Proceedings of the National Academy of Sciences* 101, no. 50 (2004): 17559–64. https://doi.org/10.1073/pnas.0407652101.

Misof, B., S. Liu, K. Meusemann, R. S. Peters, A. Donath, C. Mayer, P. B. Frandsen, et al. "Phylogenomics Resolves the Timing and Pattern of Insect Evolution." *Science* 346, no. 6210 (2014): 763–67. https://doi.org/10.1126/science.1257570.

Roh, Chris, and Morteza Gharib. "Honeybees Use Their Wings for Water Surface Locomotion." *Proceedings of the National Academy of Sciences* 116, no. 49 (2019):24446–51. https://doi.org/10.1073/pnas.1908857116.

Rothenbuhler, Walter C. "Behaviour Genetics of Nest Cleaning in Honey Bees. I. Responses of Four Inbred Lines to Disease-Killed Brood." *Animal Behaviour* 12, no. 4 (1964): 578–83. https://doi.org/10.1016/0003-3472(64)90082-x.

Shubin, Neil. *Your Inner Fish: A Journey into the 3.5-Billion-Year History of the Human Body*. New York: Vintage Books, 2009.

Whitfield, Charles W., Anne-Marie Cziko, and Gene E. Robinson. "Gene Expression Profiles in the Brain Predict Behavior in Individual Honey Bees." *Science* 302, no. 5643 (2003): 296–99. https://doi.org/10.1126/science.1086807.

Winston, Mark L. *The Biology of the Honey Bee*. Cambridge: Harvard University Press, 1991.

# 致謝

寫書的過程中，我不斷調整與修改，思考著如何表現妮琪的日常生活，感謝我的妻子麗莎忍受閱讀初稿無數次，她總是第一位（有時是唯一一位）看到劇情發展和畫面安排的人。她毫無疑問是本書的地下編輯，並且總是給我最誠實的建議（有時也很殘酷），但當她因為我的故事而發笑或落淚時，我就知道我朝著正確的方向邁進。我和妻子不見得對每件事的想法都一樣，但她的陪伴對我的創作極其重要。如果沒有她，這本書就不會是現在的模樣。

我開始寫這本書時，麗莎和我還沒有孩子，現在我們的兩個兒子都上大學了。我在與兒子麥克斯和傑克的談天中，學到很多關於講故事的方法，他們也像他們的母親一樣，是中肯的批評者，我非常感謝他們的誠實、機智和創造力。

這部作品最初是名為《蜜蜂家族》（Clan Apis）的漫畫書，共五集，在 1990 年代後期出版。非常感謝《忍者龜》的共同作者彼得（Peter Laird）和賽瑞克基金會贊助第一集漫畫。如果沒有他們的幫助，這系列就無法出版。

我還要為希拉蕊（Hilary Sycamore）的美麗色彩獻上最深切的感謝和欽佩。妮琪的冒險故事最初以黑白漫畫的形式出版，但希拉蕊的上色為畫面帶來新的活力，她用一種很神奇的方式為蜜蜂注入生命。

特別感謝達林（Daryn Guarino）和「主動出擊漫畫」（Active Synapse Comics）出版了漫畫合集，並且勇敢的再版將近 20 年。

還要感謝吉布（Gib Bickel）、恩格爾曼（K. C. Engelman）、羅德（Rod Phillips）、哈羅德（Harold Buchholz）、吉姆（Jim Ottaviani）、蘇（Sue Cobey）、布萊恩（Brian Smith）、約翰（John Wenzel）、莎羅妮（Sharoni Shafir）、李維（Levi Lawson）、傑夫（Jeff Mara）、薩蒂什（Satish Chandra）、哈利（Harry Itagaki）、史丹（Stan Sakai）、莉亞（Leah Itagaki）、保羅（Paul

Chadwick)、薩拉伊（Sarai Itagaki）、伊麗莎白（Elizabeth Bickel）、塔拉‧塔蘭 Tara Tallan）、溫蒂（Wendy Guerra）、亞當（Adam Guerra）、馬修（Mathew Guerra）、奧斯汀（Austen Julka）、馬克（Mark Crilley）、西蒙（Simon Smith）、內森（Nathan Stegelmann）、安德魯（Andrew Stegelmann）、山繆爾（Samuel Stegelmann）、馬克（Marc Hempel）、克爾特（Kurt Stegelmann）、格蘭特（Grant Stegelmann）、塞思（Seth Stegelmann）、金（Kim Field）、肯（Ken Lemons）、東尼（Toni Thordarson）、金（Kim Preney）、凱文（Kevin Johnson）、梅（May Berenbaum）和傑拉爾丁（Geraldine Wright）。

# 小蜜蜂總動員：
## 妮琪和蜂群的勇敢生活

作繪者／傑‧霍斯勒（Jay Hosler）
譯者／林大利

出版六部總編輯／陳雅茜
資深編輯／盧心潔
美術設計／趙　璦
特約行銷企劃／張家綺

發行人／王榮文
出版發行／遠流出版事業股份有限公司
　　　　　地址：臺北市中山北路一段11號13樓
　　　　　電話：02-2571-0297　傳真：02-2571-0197　郵撥：0189456-1
　　　　　遠流博識網：www.ylib.com　電子信箱：ylib@ylib.com
著作權顧問／蕭雄淋律師
ISBN／978-957-32-9381-1
2022年1月1日初版

定價‧新臺幣 380 元

國家圖書館出版品預行編目(CIP)資料

小蜜蜂總動員：妮琪和蜂群的勇敢生
活/傑.霍斯勒(Jay Hosler)作.繪；林
大利譯. -- 初版. -- 臺北市：遠流出版
事業股份有限公司, 2022.01 面；公分
ISBN 978-957-32-9381-1(平裝)
1.蜜蜂 2.動物行為 3.漫畫
387.781　　　　　　　110019752

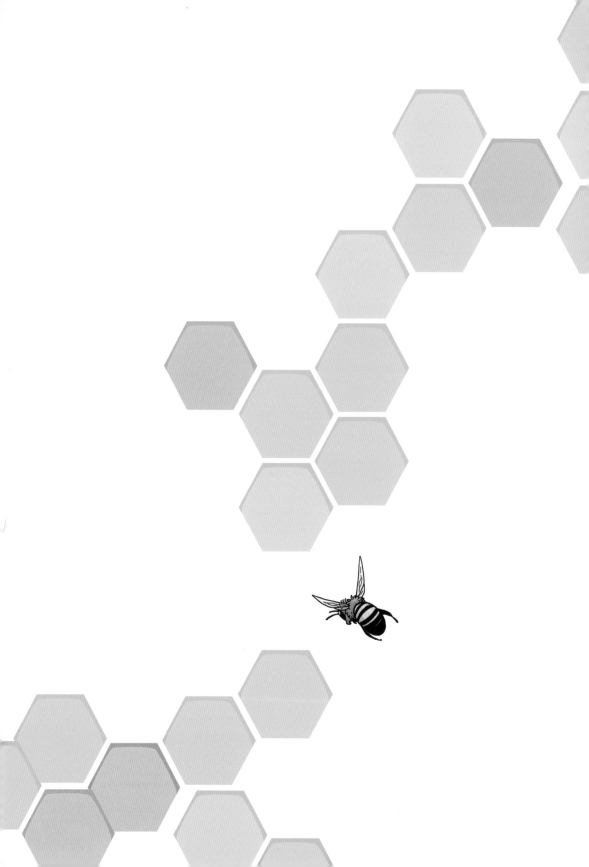